Harihar Vaidya
Chintan Kapadiya

Micropropagação de Furcraea gigantea

Harihar Vaidya
Chintan Kapadiya

Micropropagação de Furcraea gigantea

Padronização de meios para micropropagação de Furcraea gigantea

ScienciaScripts

Imprint

Any brand names and product names mentioned in this book are subject to trademark, brand or patent protection and are trademarks or registered trademarks of their respective holders. The use of brand names, product names, common names, trade names, product descriptions etc. even without a particular marking in this work is in no way to be construed to mean that such names may be regarded as unrestricted in respect of trademark and brand protection legislation and could thus be used by anyone.

Cover image: www.ingimage.com

This book is a translation from the original published under ISBN 978-3-659-91414-0.

Publisher:
Sciencia Scripts
is a trademark of
Dodo Books Indian Ocean Ltd. and OmniScriptum S.R.L publishing group

120 High Road, East Finchley, London, N2 9ED, United Kingdom
Str. Armeneasca 28/1, office 1, Chisinau MD-2012, Republic of Moldova, Europe
Printed at: see last page
ISBN: 978-620-7-85168-3

Índice:

NORMALIZAÇÃO DOS MEIOS DE MICROPROPAGAÇÃO DE FURCRAEA

(Furcraea gigantea Vent.)

BY

VAIDYA HARIHAR B.

RESUMO

A presente investigação foi realizada no laboratório de cultura de tecidos de plantas, **Aspee College of Horticulture & Forestry, Navsari Agriculture University, campus de Navsari, durante 6th junho a 6th agosto** para estudar os vários aspectos da micropropagação de *Furcraea*. Para a esterilização de explantes, o tratamento de cloreto de mercúrio a 0,1% durante 5 minutos proporciona uma melhor esterilização de explantes do que todos os outros tratamentos. Os bolbos (1,5 a 2,0 cm de tamanho) nascidos no pedúnculo da *Furcraea* "Green" foram recolhidos como fonte de explantes, tendo sido isoladas dos bolbos pontas de rebentos com cerca de 1,5 cm de comprimento. O tratamento com meio MS suplementado com 1,0 mg/l BAP + 0,1 mg/l NAA foi considerado o melhor para o estabelecimento de explantes, bem como para o crescimento dos rebentos. O pH de 5,6 - 5,8 foi considerado o melhor para o crescimento dos rebentos e o comprimento dos rebentos também foi máximo. A taxa mais elevada de proliferação foi observada no meio MS suplementado com 1,0mg/l BAP até à segunda subcultura. Para induzir raízes nos rebentos regenerados *in vitro*, o meio MS (força total) suplementado com 0,1mg/l IBA foi considerado o melhor. As plântulas mais longas registaram melhor sobrevivência na mistura solo:tera care (1:1) do que solo:bolor de folhas (1:1). Mais de 2000 plantas foram produzidas por este protocolo e estabelecidas em sacos de polietileno.

RECONHECIMENTO

Atingido o objetivo de concluir a minha dissertação de mestrado, é chegado o momento de expressar o sentimento de gratidão a todos aqueles sem cuja colaboração e ajuda não teria conseguido atingir os meus objectivos.

É com orgulho que exprimo a minha sincera gratidão e o meu sentimento de reconhecimento ao meu principal orientador, o Dr. R. R. Shah, professor associado de fisiologia vegetal e diretor da Aspee College of Horticulture and Forestry, Navsari Agricultural University, Navsari, pela sua valiosa e inspiradora orientação, encorajamento constante, enorme ajuda e críticas construtivas ao longo desta investigação e da preparação deste manuscrito.

R. M. Patel, Professor Associado, Aspee College of Horticulture and Forestry, Navsari Agricultural University, Navsari.

Gostaria de manifestar o meu apreço ao meu superior, Sr. Dharmendra Patel, e aos meus amigos pela sua valiosa assistência e amável cooperação durante o curso do estudo. Estou igualmente grato aos meus colegas. A ajuda inestimável prestada por Vijay, Paresh, Ritesh e Ravi labboys é especialmente reconhecida.

Não posso deixar de expressar todo o meu sentimento de reverência aos meus queridos pais Shri. Balmukundbhai N. Vaidya e Smt. Heenaben B. Vaidya e aos meus irmãos mais novos Ganesh e Shivang, sem os quais não teria conseguido prosseguir os meus estudos. O seu amor constante, a sua compreensão, o seu cuidado e a sua fé em mim inspiraram-me muito.

INTRODUÇÃO

A produção e utilização de plantas ornamentais em regiões de clima quente tornou-se importante durante as últimas décadas e está a expandir-se devido a várias razões económicas e culturais: globalização do comércio internacional de produtos hortícolas, transferência de conhecimentos, crescimento económico, terras relativamente baratas e baixos custos de mão de obra nos países em desenvolvimento. Com o desenvolvimento da arquitetura paisagística e da jardinagem privada nas regiões de clima quente, a horticultura ornamental e a floricultura tornaram-se uma parte importante da vida nas zonas meridionais dos EUA e da Europa, bem como nos países asiáticos e na Austrália.

As plantas ornamentais são utilizadas para vários fins, incluindo paisagismo, restauração ecológica, jardinagem privada e produção comercial de flores e plantas em vasos. Para todos estes objectivos, a produção comercial de material de propagação de boa qualidade é uma condição necessária. As espécies ornamentais sem necessidades de frio, originárias de regiões subtropicais e áridas, parecem ser as mais adequadas para a produção comercial de culturas ornamentais em zonas de clima quente, embora as espécies termoperiódicas também possam ser cultivadas com êxito. Além disso, é evidente o potencial para a produção comercial de flores em regiões quentes, onde as temperaturas relativamente elevadas do inverno e a elevada intensidade luminosa são adequadas para o desenvolvimento das flores. As flores de corte e as plantas em vaso podem ser produzidas nestas zonas durante a época baixa dos países mais frios e enviadas para os mercados internacionais.

Classificação:

Reino Unido Plantas	Plantae- -
Sub-reino Plantas vasculares	Traqueobiontes -
Super divisão Plantas de sementes	Spermatophyta- -
Divisão Plantas com flores	Magnoliophyta- -
Classe Monocotiledóneas	Liliopsida- -
Subclasse	- Liliídeos
Encomendar	- Liliales
Família Família de plantas centenárias	Agavaceae- -
Género Furcraea	- *Furcraea* Vent. -

A Furcraea (*Furcraea gigantean Vent*) 'green' é uma bela planta de folhagem. Esta planta desenvolve-se igualmente bem em condições tropicais e subtropicais. A Furcraea é uma importante planta ornamental de jardim, que acrescenta um valor estético ao jardim. A Furcraea ajuda a manter o solo, fornece cobertura para a vida selvagem e contribui para a estética das terras selvagens. A espécie é amplamente, embora não muito, utilizada como planta de paisagismo para realce e curiosidade. Está disponível uma forma variegada (Desert-Tropicals Nursery 2003). A Furcraea foi outrora muito cultivada para a produção de fibras, daí o nome comum. Os extractos das raízes são usados como ingredientes em tónicos para purificar o sangue e as folhas secas são usadas para controlar o inchaço e para ajudar na cicatrização de feridas (Nunez-Melendez 1982).

A Furcraea, também conhecida como aloé verde, karata fêmea, maguey, mayuey criollo, cocuisa, cabuya gigante e aloés vert, é um arbusto robusto com uma roseta basal com cerca de 2,5 a 3,5 m de diâmetro e caules floridos com 5 a 10 m de altura. A planta pode ser chamada de arbusto porque é perene, porque tem o tamanho de um arbusto, e porque tem uma bainha fibrosa e lenhosa que envolve o núcleo do caule curto (20 a 30 cm de comprimento) dentro da roseta, e um caule de floração lenhoso. A Furcraea não tem raiz principal, tem raízes laterais relativamente finas e muitas raízes finas. As suas folhas verdes a amarelo-esverdeadas são linear-lanceoladas a oblanceoladas, pontiagudas na ponta, e são carnudas com fibras paralelas semelhantes a fios. A floração, que pode ocorrer em qualquer altura do ano, começa aparentemente quando as plantas atingem tamanho e vigor suficientes para suportar o grande pedúnculo floral. As plantas morrem cerca de 1 ano após o início da floração. Os bolbos são produzidos neste pedúnculo de floração. Estes bolbos são utilizados para propagação posterior.

A Furcraea é nativa das Grandes Antilhas e de Guadaloupe para o sul através do norte da América do Sul até ao Brasil (Grisebach 1963, Howard 1979). A espécie tem sido amplamente plantada. Naturalizou-se na Florida, no Havai, nas Ilhas Marquesas, na Polinésia Francesa, em Tonga, e está presente e provavelmente naturalizada em muitos outros locais (Pacific Island Ecosystems at Risk, 2003).

Assim, o método convencional de propagação é bastante lento, com cerca de 1200 a 1250 bolbos obtidos em cerca de 810 anos após a plantação a partir de uma planta. Isto não é suficientemente rápido para satisfazer a procura durante todo o tempo. Neste contexto, a micropropagação através da cultura de tecidos pode ser considerada como um método satisfatório e fiável. A micropropagação oferece a oportunidade de reduzir o intervalo de tempo entre a produção de material melhorado e a sua avaliação repetida, proporcionando uma avaliação mais rápida.

As principais vantagens oferecidas pela propagação *in vitro* de Furcraea são o aumento da taxa de multiplicação, plantas uniformes isentas de doenças em grande quantidade, melhor qualidade e disponibilidade anual de material de plantação.

Para tal, é necessário intensificar os esforços de investigação, o que constituiu a base da presente investigação com os seguintes objectivos

1) Padronizar o meio para o estabelecimento direto de rebentos a partir da ponta do rebento (por corte de bolbos) de Furcraea.

2) Padronizar o meio para a proliferação de rebentos de Furcraea.

3) Padronizar o meio para o enraizamento *in vitro* de rebentos regenerados de Furcraea.

4) Procedimento padrão evolutivo para aclimatação de plantas regeneradas em condições de estufa.

Capítulo 1

REVISÃO DA LITERATURA

A variedade de técnicas que, coletivamente, compreendem a cultura de "células vegetais" tem permitido a investigação a muitos níveis molecular, celular e organizacional e tem sido aplicada a uma série de disciplinas - bioquímica, genética, fisiologia, anatomia e biologia celular. A crescente tomada de consciência das potencialidades da propagação e do melhoramento de plantas deu, por si só, um impulso substancial à investigação. A propagação comercial de plantas, utilizando culturas de gomos axilares/pontas de rebentos, está agora a ser implementada, foram seleccionadas novas linhas de reprodução utilizando a fusão de protoplastos e foram desenvolvidas novas variedades através da variação somaclonal e de plantas derivadas de anteras cultivadas. Em suma, é agora evidente que a cultura celular é a pedra angular do progresso da biotecnologia vegetal.

O melhoramento das culturas pelos métodos convencionais é lento e demorado. [st]Para satisfazer a procura do século XXI, os programas de melhoramento de culturas atualmente praticados não são adequados e haverá uma grave escassez.

No entanto, nos últimos anos assistiu-se a um aumento dramático da nossa capacidade de manipular e estudar as células vegetais em cultura. Isto inclui também as demonstrações do potencial da técnica de cultura de células e tecidos na silvicultura. Com o número crescente de publicações e livros [Bajaj, 1986; Bonga e Durzan, 1987], apesar da sua natureza recalcitrante.

A utilidade da tecnologia de cultura de tecidos vegetais para a multiplicação de plantas em grande escala está bem demonstrada e muitos produtores comerciais estão atualmente a utilizar esta técnica [Evans, 1982; Bhojwani e Razdan, 1983; Thomas et. al., 1982]. A aplicação e o desenvolvimento das técnicas actuais estão a abrir a porta para a segunda revolução verde.

REVISÃO GERAL DAS TÉCNICAS IN VITRO

Se traçarmos a história da cultura de tecidos vegetais, não precisamos de ir muito longe. No início do século, Harberlandt [1902] 1st tentou, sem sucesso, a cultura de uma única célula (célula pilosa de *Tradescantia* e *Pulmonaria* e células Pallisade de *Laminum*). Houve muito pouco progresso durante os 30 anos seguintes.

Entre 1902 e 1938, todas as tentativas de induzir a célula isolada a gerar massas de tecido por divisão celular falharam. Em 1904, no entanto, Hanning descreveu o desenvolvimento de plântulas a partir de embriões maduros de crucíferas que tinham sido cultivados em sais minerais e solução de açúcar. Kotte [1922 a, b] & Robbims [1922 a, b] também foram bem sucedidos na obtenção de crescimento limitado com explantes de raiz de Pisum, Zea & Gossypium.

A identificação e purificação do ácido indol-acético (IAA), o primeiro regulador de crescimento conhecido, por Kogl et.al. [1934] e depois por Thiamann [1935], tornou possível controlar o crescimento de plantas, tecidos e células Gauthert [1934]. Cultivou células do câmbio de duas espécies arbóreas [*Salix capraea* e *Populus nigra*] em solução de Knop e referiu que a adição de vitaminas B e de IAA aumentava consideravelmente o crescimento do câmbio de Salix. No entanto, as primeiras culturas de crescimento contínuo foram estabelecidas independentemente por Gauthert [1939] e Nobercourt [1939] em cenoura. No mesmo ano, Whit [1943] relatou o estabelecimento de culturas semelhantes a partir dos tecidos tumorais do híbrido *Nicotiana glauca* X *N. langsdorffii*.

Van Overbeek et al., [1941] demonstraram pela primeira vez o efeito estimulante da água de coco na formação de calos e no desenvolvimento de embriões em "Datura". Esta descoberta significativa mais tarde, nas mãos de Steward e Chaplin em 1952, resultou no crescimento estimulado de tecido cultivado de calos de cenoura e batata. Morel e Martin [1952] foram os primeiros a recuperar plantas de dália isentas de vírus a partir de plantas infectadas, excisando e cultivando pontas de meristema *in vitro*.

Miller [1955] tornou possível a indução de células de tecidos altamente maduros e diferenciados através da identificação e separação da primeira citocinina conhecida. Várias experiências realizadas por Skoog e Miller [1957] resultaram na demonstração clássica da regulação química da organogénese na cultura de calos. Mostraram que a iniciação de rebentos e/ou raízes na cultura de calos de tabaco podia ser regulada por uma proporção adequada entre auxina e citocinina no meio. Este conceito de regulação hormonal é atualmente aplicável à maioria das espécies vegetais.

Steward e Mapes [1958] foram os primeiros a obter plântulas completas a partir de calos e culturas em suspensão de cenoura, utilizando um meio que continha sais inorgânicos, açúcares, aminoácidos, vitaminas e algumas misturas orgânicas complexas indefinidas, tais como extrato de malte e água de coco.

Morel [1960] apercebeu-se do potencial das culturas de pontas de rebentos para a propagação clonal rápida de numerosas espécies de plantas, enquanto aplicava a técnica para criar orquídeas livres de vírus. Kanta et.al. [1962] desenvolveram a técnica de fertilização em tubo de ensaio que envolvia a cultura de óvulos excisados e pólens juntos no mesmo meio.

Murashige e Skoog [1962] publicaram um meio definido para a cultura do tabaco, que foi provavelmente mais citado do que qualquer outro meio para a cultura de uma grande variedade de espécies de plantas, incluindo dicotiledóneas e monocotiledóneas. Vasil e Hildebrandt [1965] obtiveram a diferenciação de uma planta de tabaco completamente organizada a partir de uma única célula.

Guha e Maheshwari [1966] cultivaram pela primeira vez anteras imaturas de *Datura innoxia* num meio nutritivo que continha cinetina e água de coco e demonstraram a possibilidade de criar um grande número de plantas haplóides a partir de grãos de pólen. Takebe et. al. [1971] demonstraram que o protoplasto isolado de células do mesofilo podia ser cultivado para gerar uma planta inteira. Carlson et.al. [1983] produziram o primeiro híbrido somático através da fusão de protoplastos da espécie do tabaco.

Alguns dos aspectos mais importantes da utilização da cultura de tecidos na agricultura, horticultura e silvicultura podem ser classificados em, pelo menos, quatro áreas principais.

Hibridação, desenvolvimento de variedades e outras modificações das plantas cultivadas:

Para o efeito, são úteis as seguintes técnicas de cultura de tecidos:

a) Cultura de embriões

b) Ovário / Cultura de óvulos

c) Cultura de antera / micrósporo

d) Cultura de células / calo / suspensão

e) Isolamento, cultura e fusão de protoplastos

As técnicas acima referidas podem ajudar os criadores de plantas de duas maneiras:

I. Pode servir de ajuda para atingir os objectivos tradicionais da criação.

II. Pode ajudar a aumentar a variabilidade genética, que é um dos principais objectivos de qualquer programa de melhoramento de plantas.

[A] **Cultura de embriões:**

Uma das aplicações mais antigas da cultura de tecidos no melhoramento de plantas é a cultura de embriões [Hanning, 1904]. O principal objetivo desta técnica é a germinação de embriões híbridos interespecíficos e de tecido material. Esta técnica tem a aplicação mais prática para produzir híbridos raros a partir de cruzamentos que normalmente falham devido a barreiras pós-fertilização à capacidade de cruzamento [Raghavan, 1976].

Vários embriões híbridos foram cultivados e germinados com sucesso *in vitro* [Maheshwari e Rangaswany, 1963]. Naryanswamy e Norstog [1974] relataram que esta técnica é bem sucedida em 40 famílias.

[B] Cultura de ovários e óvulos:

A cultura de ovários e óvulos é potencialmente muito útil no programa de reprodução e hibridação quando uma zona de barreira de incompatibilidade se encontra no estigma, estilo ou ovário. Sementes viáveis foram obtidas em 42 espécies por polinização de ovários e óvulos excisados *in vitro* [Bhojwani e Razdan, 1983].

[C] Cultura de antera / micrósporo:

Madrigat [1978] relatou que a produção de haplóides através da cultura de anteras e pólen é possível em 40 géneros e 92 espécies. Este facto é de grande interesse para o melhoramento vegetal e a genética, uma vez que as mutações recessivas induzidas podem ser imediatamente identificadas e a duplicação dos cromossomas conduz diretamente a indivíduos homozigóticos. O desenvolvimento de novas cultivares geradas por culturas de anteras e pólen evita muitos ciclos de retrocruzamentos que envolvem muito espaço, mão de obra e tempo.

[D] Culturas de células / calos / suspensão:

Os métodos de cultura de tecidos vegetais estão atualmente a encontrar aplicações no isolamento de variantes e variedades resistentes a várias toxinas. O número de cromossomas e/ou a variação genética ocorrem em praticamente todos os calos e suspensões. A criação de variações pode ser um instrumento importante na criação de espécies poliplóides e autoincompatíveis. Utilizando esta técnica, já foram registadas plantas resistentes aos sais, ao frio, às doenças e aos herbicidas de uma vasta gama de espécies de texas [Carlson et al., 1983; Maliga, 1978; Handa et al., 1982; Wenzel, 1985; Daub, 1986].

[E] **Isolamento, cultura e fusão de protoplastos:**

O progresso no domínio da cultura e fusão de protoplastos estabeleceu três pontos principais.

(1) O protoplasto isolado é totipotente e capaz de regenerar uma planta completa.

(2) Os protoplastos podem ser induzidos a sofrer fusão intra e interespecífica, bem como intergénica, para formar um "híbrido somático".

(3) A propriedade pinocítica dos protoplastos torna-os um excelente material para estudos sobre engenharia genética e modificações celulares.

Estas são as técnicas aceites como as principais abordagens para a engenharia genética de plantas com base no ADN recombinante, que representa a combinação do ADN da planta com o ADN do vetor.

A regeneração de plantas a partir de protoplastos isolados foi registada em 44 espécies de plantas [Bhojwani e Razdan, 1983]. Foram criados vários híbridos interespecíficos, intergenéticos e intraespecíficos através da fusão de protoplastos. Isto inclui tanto combinações sexualmente compatíveis como incompatíveis. A tecnologia do ADN recombinante ou engenharia genética abriu a possibilidade de identificar e isolar qualquer gene de um organismo, independentemente do seu estatuto poligenético, e de o mobilizar e exprimir num organismo diferente à escolha. Uma das principais realizações foi a transferência e expressão dos genes da proteína de revestimento do vírus do mosaico do tabaco e do vírus do mosaico da luzerna no tabaco, o que resultou na proteção contra doenças em plantas transgénicas. Outra conquista é a produção de plantas transgénicas resistentes a insectos no tabaco, tomate, arroz, milho e outras plantas cultivadas. Diversos laboratórios em todo o mundo também desenvolveram plantas transgénicas para aumentar a quantidade nutricional e a resistência aos herbicidas [Chopra e Sharma, 1991].

FACTORES QUE AFECTAM O SUCESSO DA PROPAGAÇÃO CLONAL IN INVITRO

A capacidade de sobrevivência, multiplicação e regeneração dos explantes é consequência de uma grande variedade de factores, tais como a origem das culturas, o estado fisiológico dos explantes, as condições nutricionais e físicas, etc.

1. Seleção de explantes :

Teoricamente, todas as partes da planta são capazes de regeneração in vitro; exceto a casca que é o tecido morto. No entanto, na prática, a identificação da parte ideal da planta determina a organogénese. De acordo com Durzan (1984), a seleção do explante é uma das primeiras considerações na aplicação da cultura de células e tecidos. Alguns problemas fundamentais relacionados com a juvenilidade, maturação e padrão de crescimento têm sido observados por vários investigadores. Verificou-se que o material juvenil tem maior potencialidade para expressar a totipotência em condições in vitro do que o explante retirado da fase madura ou adulta do desenvolvimento [Yadav et. al., 1990; Jordan e Oyanedel, 1992].

2. Esterilização de superfícies :

Os explantes devem estar isentos de microrganismos quando colocados em meio nutritivo, o que geralmente é conseguido através da esterilização da superfície. O tratamento de controlo da contaminação depende do tipo de organismos contaminantes [isto é, bactérias, fungos, etc.], que, por outro lado, variam de acordo com o ambiente local. Uma contaminação controlada por métodos físicos [com o objetivo de reduzir o tamanho da população microbiana] e métodos químicos [matando os micróbios restantes] conduz a culturas assépticas [De Fossard, 1985].

3. Composição dos meios de cultura :

Um dos factores mais importantes que regem o crescimento e a morfogénese dos tecidos vegetais em cultura é a composição do meio. Foi registada uma grande variedade de meios de cultura de tecidos vegetais e de células. Os primeiros meios amplamente utilizados foram os de White (1943) e Heller (1953). No entanto, a partir de 1962, o meio de Murashige e Skoog (1962) ganhou aceitação geral.

O êxito do sistema in vitro depende da escolha dos reguladores de crescimento correctos e da sua utilização na concentração ideal. Duas classes de reguladores de crescimento são utilizadas em estudos de culturas in vitro, nomeadamente as auxinas e as citocininas. Skoog e Miller (1957) mostraram que diferentes tipos de organogénese podiam ser induzidos em culturas de tabaco através de níveis variáveis de auxinas e citocininas. Quando o nível de citocinina era elevado em relação à auxina, eram induzidos rebentos e quando a concentração de auxina era elevada em relação à citocinina, eram induzidas raízes. A uma concentração intermédia, o tecido crescia como um calo não organizado. Este conceito de regulação hormonal é atualmente aplicável às auxinas mais utilizadas, como IAA, IBA, NAA, 2,4- D, 2,4,5-T e PCPA. As citocininas mais utilizadas são BAP, Kinetin, Zip & Zecttin.

Hu e Wang (1983) descreveram o ápice de rebentos jovens como um local ativo para a biossíntese de auxina. Para a proliferação de rebentos auxiliares, a citocinina tem sido utilizada para ultrapassar a dominância apical e aumentar a ramificação dos rebentos laterais a partir das axilas das folhas. Um tipo de sinergismo entre cinetina e BAP foi relatado em certos casos de proliferação de gemas auxiliares *in vitro* [Gupta et. al., 1981].

4. Aclimatização e plantação de plântulas :

A aclimatização é essencial no caso de o material vegetal produzido in vitro não se adaptar facilmente às condições in vivo [Brainerd & Fuchigami, 1981]. O sucesso da aclimatização de plantas produzidas in vitro depende em grande medida não só das condições de crescimento após a transferência, mas também das condições de cultura anteriores à transferência [Ziv, 1986].

Capítulo 2
MATERIAIS E METODOLOGIA

A investigação foi efectuada com o objetivo de padronizar as técnicas *in vitro* em *Furcraea gigantean Vent...* Tem também grande aplicação como planta ornamental em jardins. O detalhe dos materiais experimentais e da metodologia adoptada para o processo é apresentado a seguir:

1) Material vegetal :

Os bolbos (1,5 a 2,0 cm de tamanho) nascidos no pedúnculo da *furcraea var*. 'Green' foram recolhidos como fonte de explantes. Após o corte dos bulbilhos, foram isoladas pontas de rebentos com cerca de

1,5 cm de comprimento, que foram utilizadas como material vegetal experimental.

2) Meios de cultura:

Para estudar a resposta morfogénica dos explantes, foi utilizado o meio MS-medium como meio basal. O MS-medium contém apenas os sais basais de macro e microelementos, vitaminas, vários reguladores de crescimento como citocininas, auxinas e giberelinas em diferentes concentrações, sacarose e ágar.

Composição do meio de Murashige & Skoog (MS-medium):

Solução de reserva	constituintes	Conc. em stock (g/100ml)	Volume de stock no meio final	Concentração final no meio (mg/l)
1.	NH_4NO_3	33.0	5	1650.0
2.	KNO_3	38.0	5	1900.0
3.	$CaCl_2.2H_iO$	8.0	5	440.0
4.	$MgSO_4.7H_iO$	7.40	5	370.0
5.	KH_2PO_4	3.40	5	170.0

6.	H_3BO_3	0.124	5	6.20
	KI	0.166		0.83
	$Na_2MoO_4.2H_2O$	0.005		0.25
	$C0CI_2.6H_2O$	0.0005		0.25
	$MnSO_4.4H_2O$	0.446		22.30
	$ZnSO_4.5H\ O_2$	0.172		8.60
	$CUSO_4.5H_2O$	0.0005		0.025
7.	$FeSO_4.7H_2O$	0.557	5	27.85
	$Na_2EDTA.2H_2O$	0.747		37.35
8.	Tiamina.HCl	0.02	5	1.00
9.	Piridoxina.HCl	0.02	5	1.00

10.	Glicina	0.08	5	4.00
11.	Ácido nicotínico	0.02	5	1.00

Sacarose - 30g/l, mio-inositol - 100mg/l, ágar - 8g/l.

3) Preparação de materiais :

No estudo apresentado, foi utilizado o meio MS com várias combinações de reguladores de crescimento. Utilizaram-se produtos químicos de qualidade analítica e seguiram-se procedimentos normalizados para a preparação do meio. Foram preparadas soluções de reserva separadas dissolvendo a quantidade necessária de produtos químicos em água duplamente destilada e armazenadas no frio a 5-10°C. As soluções de reserva dos reguladores de crescimento foram preparadas de novo de 7 em 7 dias. Utilizando estas soluções, prepara-se o meio basal final e, antes do ajuste final do volume, adicionam-se suplementos a incorporar, finalizando o volume com água destilada. O pH foi ajustado antes da autoclavagem para 5,5-5,8. O ágar foi adicionado para solidificação e dissolvido por aquecimento.

4) Vasos de cultura:

Foram utilizados como recipientes de cultura frascos de Erlenmeyer [150 ml], tubos de ensaio [25 mm x 150 mm] feitos de vidro borossil e garrafas [250 ml]. Todos os recipientes de cultura e artigos de vidro utilizados na preparação dos meios e para outros fins foram limpos com ácido crómico [dicromato de potássio em ácido sulfúrico]. O ácido foi removido por lavagem prolongada em água da torneira. Em seguida, foram lavados com o detergente Teepol [BDH], que foi novamente removido através de uma lavagem completa com água da torneira. Por fim, o material de vidro foi lavado com água destilada em duplicado e seco na estufa a 70°C e armazenado em armários sem pó.

5) **Esterilização de meios e recipientes de cultura :**

Após o ajustamento do pH e a dissolução do ágar para solidificação, foi distribuído um volume conhecido de meio em recipientes de cultura [30 ml em frascos de cultura, 20 ml em tubos de ensaio e 35 ml em garrafas] para autoclavagem. A boca dos recipientes de cultura foi tapada com algodão não absorvente envolto em gaze ou com tampas de plástico. No caso dos tampões de algodão, a boca dos recipientes de cultura foi ainda coberta com papel normal para os proteger da condensação de vapor de água durante a autoclavagem. Os recipientes foram então autoclavados a uma pressão de 1,21 kg/cm^2 durante 20 minutos a aproximadamente 121°C. Após a esterilização, os recipientes de cultura foram imediatamente transferidos para uma sala de armazenamento sem pó, onde foram armazenados durante um mínimo de 4 dias antes de serem utilizados.

7) **Estado assético:**

Todas as inoculações e manipulações envolvendo culturas ou meios estéreis foram efectuadas em condições assépticas numa câmara de fluxo de ar laminar. A superfície de trabalho foi limpa com formaldeído a quatro por cento. O interior da cabina foi pulverizado com álcool absoluto. Os instrumentos, tais como fórceps, bisturi, cabo de lâmina, etc., foram esterilizados por imersão em álcool absoluto, seguida de flambagem e arrefecimento. Isto foi feito no início da inoculação e também várias vezes durante a operação. Durante a inoculação, começava-se por retirar a tampa ou o tampão de algodão do recipiente de cultura e o gargalo do recipiente era inflamado num candeeiro de álcool mantido no armário. Os explantes esterilizados e aparados foram rapidamente transferidos para os recipientes de cultura contendo meio de cultura adequado, utilizando pinças esterilizadas. O colo do recipiente de cultura foi novamente inflamado e imediatamente fechado com um tampão de algodão ou uma tampa.

6) Estado de cultura :

Todas as culturas foram incubadas numa sala de crescimento a uma temperatura de 26+2°C com uma humidade relativa de 55%. A luz foi fornecida continuamente durante 24 horas com uma intensidade de luz de 1000 lux e mantida a 50 cm de distância da superfície da bancada.

7) Clonagem *in vitro* :

O procedimento geral de clonagem in vitro adotado é apresentado a seguir, de acordo com o trabalho de Murashige.

a) Estabelecimento:

Preparação de explantes para cultura:

As pontas dos rebentos foram lavadas em água corrente da torneira durante cerca de 30 minutos e depois tratadas com uma solução de detergente a 10 % durante 5 minutos. Os vestígios de detergente foram removidos por lavagem cuidadosa com água destilada de vidro duplo. Em seguida, os explantes foram esterilizados à superfície com uma solução de cloreto de mercúrio a 0,1 % durante 5 minutos numa câmara de fluxo de ar laminar, seguida de quatro lavagens com água destilada. O tamanho da ponta de rebento esterilizada foi ainda reduzido para 0,8 cm, removendo as folhas maciças exteriores dos bolbos. O meio nutritivo MS (Murashige e skoog, 1962) foi suplementado com 30 g/l de sacarose e 8 g/l de ágar. As culturas foram incubadas a 26°C numa sala de cultura com ar condicionado e com uma intensidade de luz de 1000 lux de lâmpadas fluorescentes de tubo frio.

Normalização do meio de estabelecimento:

Os explantes das pontas dos rebentos foram inoculados em meio MS suplementado com diferentes reguladores de crescimento. O total de tratamentos foi testado para padronizar o meio de formação de rebentos. Os pormenores são apresentados a seguir

1. **MS + 1,0 mg/l BAP**
2. **MS + 2,0 mg/l BAP**
3. **MS + 1,0 mg/l BAP + 0,1 mg/l NAA**
4. **MS + 2,0 mg/l BAP + 0,1 mg/l NAA**

b) Multiplicação:

O meio MS suplementado com combinações e concentrações variáveis de 6-benzilamino purina (BAP) e ácido naftalenoacético (NAA) foi experimentado para o estabelecimento de explantes e também para a multiplicação nas duas primeiras subculturas. Em seguida, os rebentos obtidos destes tratamentos foram transferidos para o melhor tratamento para posterior proliferação. Os rebentos de 4,0 a 5,0 cm obtidos da subcultura foram excisados e transferidos para meios de enraizamento para enraizamento *in vitro*.

Normalização do meio de multiplicação:

O total de tratamentos foi testado para padronizar o meio de formação de rebentos. Os tratamentos são os seguintes:

1. **MS + 0,5 mg/l BAP**
2. **MS + 1,0 mg/l BAP**
3. **MS + 2,0 mg/l BAP**
4. **MS + 3,0 mg/l BAP**

c) Enraizamento *in vitro*:

Foi experimentado o meio sólido MS com força total e meia força. Cada meio foi suplementado com diferentes níveis de ácido indol 3-butírico (IBA). As observações sobre o estabelecimento dos explantes, a proliferação e o enraizamento foram registadas após quatro semanas de incubação nas respectivas subculturas.

Normalização do meio de enraizamento

Todos os ensaios para o enraizamento in vitro foram contados em meio MS. Rebentos de 4,0 a 5,0 cm de comprimento foram excisados de culturas de rebentos em proliferação e foram usados para experiências de enraizamento. Os tratamentos são listados abaixo:

1. **MS + 0,05 mg/l IBA**

2. **MS + 0,1 mg/l IBA**

3. **MS + 0,5 mg/l IBA**

4. **MS + 1,0 mg/l IBA**

d) Endurecimento:

A fim de endurecer as plântulas produzidas *in vitro* para o ambiente natural, foi efectuado um estudo sobre diferentes tratamentos de endurecimento. Plântulas bem desenvolvidas e com raízes uniformes foram retiradas do vaso com a ajuda de uma pinça. A raiz foi cuidadosamente lavada em água corrente da torneira. As plântulas foram então transplantadas para vasos contendo solo, areia e bolor de folhas ou mistura de tera care.

• Cobrir as plântulas individualmente com um copo de vidro e
  mantê-las na sala de cultura

• Cobrir as plântulas individualmente com sacos de polietileno e
  mantê-las na sala de cultura

• Manutenção das plântulas em sala de cultura sem qualquer
cobertura

• Cobrindo-os individualmente copo de vidro em aberto

• Cobrindo-os individualmente em sacos de polietileno ao ar livre

• Manutenção das plântulas ao ar livre

A cobertura foi removida durante os períodos noturnos apenas nos 4 a 5 dias seguintes. Subsequentemente, o período de remoção das coberturas foi aumentado gradualmente até que nenhuma cobertura fosse colocada sobre elas. Todas as plântulas foram regadas diariamente e mantidas à luz do sol, quando aplicável.

Para obter uma proporção óptima de vários componentes das

misturas para vasos, foi feito um ensaio utilizando diferentes componentes:

1. **solo + bolor de folhas + tera care (1:1:1 w/w)**
2. **solo + tera care (1:1 w/w)**
3. **solo + bolor das folhas (1:1 w/w)**
4. **molde de folha**

OBSERVAÇÕES

As observações relativas à percentagem de explantes contaminados (fúngicos/bacterianos) foram registadas após cada semana. Foi utilizada a seguinte fórmula para calcular a percentagem de contaminação por tratamento, para todas as culturas:

$$\text{Contaminants (\%)} = \frac{\text{number of contaminants}}{\text{Total no. Of explants used}} \times 10$$

Foram efectuadas 7 culturas por tratamento. Foram registadas as seguintes observações:

1. N.º de dias para a diferenciação dos rebentos.
2. Culturas diferenciadas de rebentos.
3. Rebentos que iniciam raízes.
4. N.º de dias para a iniciação das raízes.
5. Comprimento do disparo.
6. N.º de raízes por rebento.
7. Comprimento da raiz

Capítulo 3

RESULTADOS

Resultados da experiência de micropropagação de Furcraea realizada no Laboratório de Cultura de Tecidos, Aspee College of Horticulture and Forestry, Navsari Agricultural University, Navsari, durante o período 6th junho - 6th agosto.

Estabelecimento de tiro:

O meio MS suplementado com diferentes níveis de BAP e NAA foi examinado para o estabelecimento de rebentos. Houve praticamente uma pequena diferença no estabelecimento de rebentos com BAP sozinho ou BAP em combinação com NAA. O estabelecimento máximo [85,71 %] foi registado em três tratamentos diferentes, viz. 1,0 mg/l BAP, 2,0 mg/l BAP, 2,0 mg/l BAP + 0,1 mg/l NAA.

Um dos melhores tratamentos foi 1,0 mg/l de BAP + 0,1 mg/l de NAA, que dá o maior número de estabelecimento [100%]. [**Tabela 1 e Figura 1**] O efeito devido a diferentes tratamentos, com respeito ao número médio de dias para germinação, foi considerado significativo. Dias mínimos [4 dias] foram observados no tratamento de 1,0 mg/l BAP e 2,0 mg/l BAP. As diferentes concentrações de BAP juntamente com 0,1 mg/l NAA aumentaram significativamente o número de dias. O número de dias para a germinação variou de 4-7 em diferentes combinações de tratamento.

Quadro-1: Efeito de vários tratamentos no estabelecimento de explantes de Furcraea.

N.º Sr.	Estabelecimento (%)	Contaminação (%)	Tempo necessário para o início (dias)	Altura (Cm)	N.º de rebentos
T1 (1,0 mg/l BAP)	85.71	28.57	4	3.54	1
T2 (2,0 mg/l BAP)	85.71	28.57	4	2.94	1
T3 (1,0 mg/l BAP + 0,1 mg/l NAA)	100.00	14.25	5	3.89	1
T4 (2,0 mg/l BAP + 0,1 mg/l NAA)	85.71	28.57	5	3.0	1

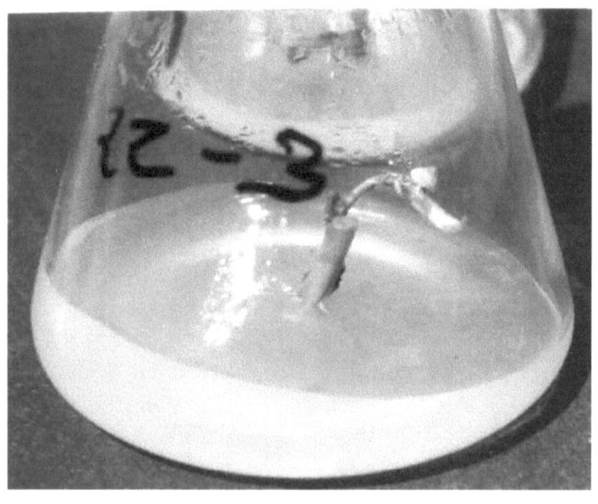

Figura-1: Estabelecimento de rebentos de Furcraea em meio MS suplementado com 1,0 mg/l BAP + 0,1 mg/l NAA.

Proliferação de rebentos:

Para induzir múltiplos rebentos, foi experimentado o meio MS com diferentes tratamentos **[Tabela 2]**. O número de rebentos registados variou de 2 a 4. A taxa de proliferação mais elevada [4] foi observada no tratamento BAP 1,0 mg/l com maior altura de planta **[Figura 2]**.

O efeito devido aos diferentes tratamentos, com respeito ao comprimento do rebento, foi significativo. O BAP sozinho foi eficaz para o crescimento do rebento em termos de comprimento. Foram experimentadas diferentes concentrações de BAP. A concentração de 1,0 mg/l de BAP foi considerada o melhor tratamento para a multiplicação de rebentos.

Quadro-2: Efeito da citocinina na proliferação e crescimento de rebentos de Furcraea

Sr. Não.	BAP (mg/l)	N.º de rebentos	Altura da planta (cm)
T1	0.5	2.0	5.83
T2	1.0	4.0	8.00
T3	2.0	4.0	7.00
T4	3.0	3.0	6.00

Figura-2: Proliferação de rebentos de Furcraea em meio MS contendo 1,0 mg/l BAP.

Indução radicular:

Os rebentos foram separados e transferidos para meio de enraizamento para obter plântulas completas. Várias concentrações de IBA [T1-0,05 mg/l, T2-0,1 mg/l, T3-0,5 mg/l, e T5- 1,0 mg/l] foram experimentadas para a indução de raízes **[Tabela 3]**. Entre as várias concentrações, verificou-se que o IBA a 0,1 mg/l era o melhor para a indução de raízes **[Figura 3]**. O sistema radicular completo com raízes secundárias formou-se em 13 a 18 dias.

Tabela-3: Efeito de diferentes concentrações de auxinas na indução de enraizamento em rebentos de Furcraea *in vitro*.

IBA	Início da raiz (dias)	Enraizamento (%)	Altura da planta (Cm)	N.º de raízes	Comprimento da raiz (Cm)
T1	15	71.43	6.00	3.00	2.00
T2	17	85.71	8.33	4.00	3.00
T3	14	85.71	6.50	5.00	2.50

| T4 | 18 | 71.43 | 7.00 | 4.00 | 2.30 |
| | | | | | |

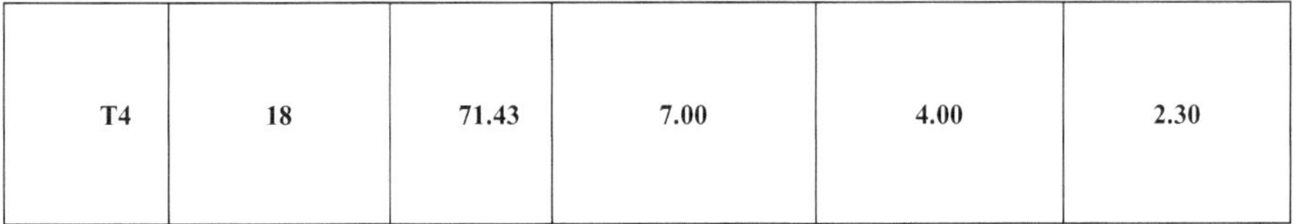

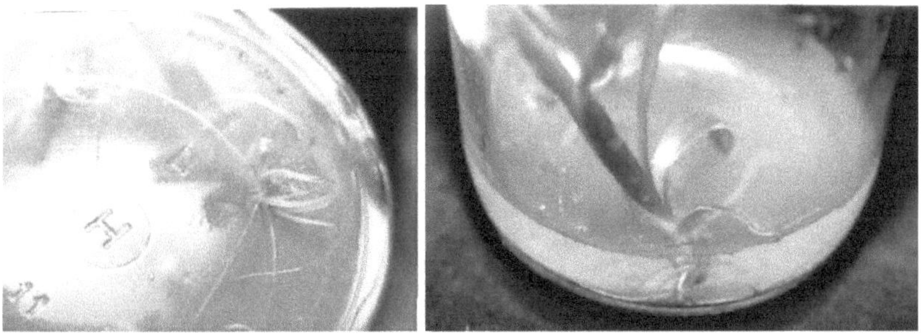

Figura-3 Rebentos enraizados in vitro em meio MS contendo apenas 1,0 mg/l de IBA.

Aclimatação:

A aclimatização dos rebentos enraizados in vitro foi efectuada na sala de cultura a 26±2 °C. Os rebentos enraizados foram transplantados para vasos com misturas de solo: bolor de folhas: tera care (1:1:1), solo: tera care (1:1), solo: bolor de folhas (1:1) e bolor de folhas. De todas estas misturas, solo: tera care (1:1) dá uma melhor taxa de sobrevivência da plântula.

Tabela-4 Aclimatação.

Sr. Não.	Misturas	Sobrevivência (%)
T1	Solo : tera care : folha de mofo (1 : 1 : 1)	90.00
T2	Solo : tera care (1 : 1)	100.00

| T3 | Solo : bolor das folhas (1 : 1) | 100.00 |
| T4 | Bolor das folhas | 80.00 |

Figura-4 Aclimatização de plântulas inteiras (T2-solo:tera care)

TÉCNICA *IN VITRO* PARA A MICROPROPAGAÇÃO DE FURCRAEA :

A técnica *in vitro* desenvolvida no presente estudo para a multiplicação rápida de Furcraea [*Furcraea gigantean Vent.*] através da ponta de rebento (aparando os bolbos) é apresentada abaixo e ilustrada na **Figura-5.**

[A] No laboratório de trabalho

1. Bulbilhos (1,5 a 2,0 cm de tamanho) nascidos no pedúnculo de furcraea 'green' foram coletados como fonte de explantes.

2. As pontas de rebentos com cerca de 1,5 cm de comprimento foram isoladas dos bolbos.

3. Estas pontas de rebentos foram lavadas em água corrente da torneira durante cerca de 30 minutos e depois tratadas com uma solução de detergente a 10% durante 5 minutos.

4. Os vestígios de detergente foram removidos por lavagem cuidadosa

com água destilada de vidro duplo.

[B] Em sala esterilizada [Câmara de fluxo de ar laminar]

1. Os explantes foram então esterilizados à superfície utilizando uma solução de cloreto de mercúrio a 0,1% durante 5 minutos em condições assépticas numa cabina de fluxo de ar laminar, seguido de quatro lavagens com a ponta de rebento esterilizada, que foi ainda reduzida para 0,8 cm aparando as folhas maciças exteriores dos bolbos.

2. Os explantes aparados foram rapidamente inoculados em meio nutritivo MS (Murashige e skoog, 1962) suplementado com 30g/l de sacarose e 8g/l de ágar.

[C] Incubação

1. As culturas foram incubadas a 26±2°C numa sala de cultura com ar condicionado e com uma intensidade luminosa de 1000 lux de lâmpadas fluorescentes de tubo frio.

2. O meio MS suplementado com concentrações variáveis de 6-benzilamino purina (BAP) e ácido naftaleno acético (NAA) foi experimentado para o estabelecimento de explantes e também para a multiplicação nas duas primeiras subculturas.

3. Os rebentos obtidos das subculturas foram excisados e transferidos para enraizamento. O meio MS com diferentes níveis de indol 3-butírico (IBA).

4. A observação do estabelecimento da proliferação e do enraizamento dos explantes foi registada após quatro semanas de incubação nas respectivas subculturas.

[D] Aclimatação

1. Para o endurecimento, as plântulas enraizadas de diferentes alturas foram transferidas para um saco de polietileno preenchido principalmente com dois tipos de misturas, i.e. (1) solo+ Tera care (1:1 w/w) e (2) solo+ Tera care (1:1 w/w). A percentagem de sobrevivência das plântulas foi registada nestes tratamentos.

Capítulo 4

DISCUSSÃO

A propagação *in vitro* de Furcraea utilizando bolbos provou claramente ser uma técnica útil para a multiplicação de plantas seleccionadas. O método convencional de propagação é bastante lento, com cerca de 1200 a 1250 bolbos obtidos numa planta em cerca de 8 a 10 anos após a plantação. Isto não é suficientemente rápido para satisfazer a procura durante todo o tempo. Como resultado, foram feitas tentativas para padronizar a técnica *in vitro* para a multiplicação rápida de *Furcraea gigantean Vent*. O resultado relatado por estes trabalhadores sugeriu que as técnicas *in vitro* fornecerão material clonal em grande número. O desempenho in vitro do tecido vegetal depende de vários factores, que estão intimamente ligados ao estado fisiológico da planta dadora e dos explantes. Por conseguinte, para explorar esta técnica para fins comerciais, é absolutamente necessário desenvolver métodos *in vitro* para a propagação de plantas de Furcraea, que se adaptem às condições locais.

Na propagação *in vitro*, o órgão e o tecido passam por uma sequência de etapas em que são proporcionadas condições de cultura e ambientais diferenciadas. Murashige [1974], agrupou esta sequência de etapas em quatro fases diferentes:

ETAPA-I Estabelecimento de explosivos

FASE-II Multiplicação rápida de rebentos através do aumento da ramificação axilar/somática/organogénese/embriogénese somática

FASE-III   Enraizamento *in vitro*

ETAPA-IVA Aclimatização e plantação.

Efeito da citocinina e da auxina na indução e multiplicação de rebentos:

As plantas micropropagadas foram criadas a partir de explantes derivados de *Furcraea gigantea Vent.* O meio MS basal suplementado com 1,0, 2,0 mg/lit. BAP & com NAA 0.1mg/lit. Foram utilizados na cultura inicial. O resultado mostrou que a inclusão de NAA (0,1 mg/1) no meio de cultura aumentou a taxa de estabelecimento em comparação com o meio sem NAA. O meio com BAP e NAA ajudou no rápido estabelecimento de rebentos. A taxa de estabelecimento de rebentos foi máxima no meio MS contendo 1,0 mg/l BAP, 0,1mg/1 NAA.

 O meio basal suplementado apenas com BAP mostra uma melhor multiplicação de rebentos do que a concentração de 1,0 mg/lit. O BAP mostra taxas de multiplicação máximas para as plântulas estabelecidas com rebentos.

Efeito da auxina na indução do enraizamento:

A auxina IBA foi testada sozinha a 0,05, 0,10, 0,5 e 1,0 mg/l. Concentração no meio para enraizamento do rebento micropropagado sob condições de cultura padrão (4500 lux, fotoperíodo de 16 horas e 25±2°C). Não se registaram sinais de formação de raízes nos meios sem auxinas. Cerca de 90-95 por cento dos rebentos excisados foram enraizados dentro de 15-17 dias em meio contendo 0,1 mg/l IBA. A taxa de iniciação de raízes diminuiu com concentrações mais altas de IBA. O IBA induziu um enraizamento fraco mesmo quando as culturas foram mantidas durante 4 semanas. A percentagem máxima de enraizamento e o número máximo de raízes por rebento foram observados em meios contendo 0,1 mg/l de IBA. O número médio de raízes por rebento variou significativamente com diferentes concentrações de IBA.

Criação de cultura:

Os dados do estabelecimento de explantes em cada tratamento são apresentados no **quadro 1** e ilustrados na **figura 1**. O estabelecimento de explantes foi satisfatório em todos os tratamentos. No entanto, foi observado um estabelecimento de cem por cento no tratamento T3 (MS + 1,0 BAP + 0,1 NAA). O papel da citocinina na organogénese de rebentos está bem estabelecido (Skoog e Miller, 4 e Evans et al., 2).

Proliferação de rebentos:

Pode ser visto a partir dos dados que a taxa de multiplicação nas duas primeiras subculturas não foi significativa devido aos tratamentos. Contudo, a taxa mais elevada de proliferação foi registada no tratamento T2 (MS + 1.0 BAP) em ambos os subcultivos iniciais. Além disso, as subculturas foram, portanto, efectuadas no T2 apenas através da transferência dos rebentos obtidos nos diferentes tratamentos. A multiplicação foi significativamente influenciada nas subculturas III e IV. A multiplicação aumentou com o progresso das subculturas. **(Tabela-2 & Figura-2)**

Meio de enraizamento:

Os dados sobre a resposta de enraizamento a diferentes níveis de IBA suplementados em meio MS de força total e meio MS são apresentados na **Tabela-3**. Verificou-se que a resposta de enraizamento ao meio MS de força total foi melhor do que a observada no meio de meia força. A resposta do enraizamento (exceto o número de raízes) diminuiu com o aumento dos níveis de IBA. Da mesma forma, concentrações mais altas de auxina reduziram o enraizamento em pera (Bancok, et. al. 4) e em ameixa preta (Yadav et. al., 5). **[Figura-3]**

Endurecimento:

A taxa de sobrevivência das plântulas foi significativamente influenciada pelas misturas de solos e pelas diferentes alturas das plântulas. A percentagem de sobrevivência das plântulas aumentou com o aumento do comprimento das plântulas em ambos os tipos de misturas de solo. No entanto, as plântulas mais longas registam uma maior sobrevivência na mistura T2 (solo: tera care) do que na mistura T3 (solo: bolor de folhas). **(Tabela-4 e Figura-4)** Durante esta experiência, mais de 2000 plantas foram produzidas e estabelecidas em sacos de polietileno. Estas plantas tiveram um bom desempenho em condições normais em vaso. O protocolo pode ser utilizado por uma unidade comercial para satisfazer a procura de plantas de Furcraea.

A discussão precedente mostrou claramente as possibilidades de micropropagação de Furcraea. Contudo, antes de o protocolo desenvolvido ser utilizado como método comercial, é necessário examinar o desempenho dos propágulos *in vitro* no campo. Ao mesmo tempo, são necessários mais estudos para normalizar os requisitos ambientais físicos ideais, como a luz e a temperatura, que são factores críticos que afectam a indução de rebentos múltiplos, o alongamento dos rebentos e o enraizamento *in vitro*. Do mesmo modo, será uma vantagem adicional se também forem desenvolvidos protocolos para outros métodos de propagação *in vitro* de Furcraea utilizando outras vias, tais como a organogénese somática ou a embriogénese somática, uma vez que, no que diz respeito à taxa de multiplicação das plantas, estas técnicas têm alegadamente maiores potencialidades, se a estabilidade genética for mantida.

RESUMO

A presente investigação sobre vários aspectos da propagação *in vitro* de *Furcraea gigantea Vent.* foi realizada no laboratório de cultura de tecidos de plantas, Aspee College of Horticulture and Forestry, Navsari Agricultural University, Navsari. Os resultados obtidos com o presente estudo podem ser resumidos.

1. A combinação de tratamentos de BAP e NAA foi significativamente superior em comparação com BAP sozinho. A percentagem máxima de estabelecimento foi observada em meio MS contendo BAP 1.0 mg/l e 0.1 mg/l NAA.

2. O tratamento apenas com BAP revelou-se significativo para a multiplicação de rebentos. A concentração de BAP foi de 1,0 mg/l, a melhor para a multiplicação de rebentos.

3. O enraizamento in vitro foi obtido em meio MS suplementado com 0,1 mg/l IBA, que dá uma percentagem máxima de enraizamento.

4. As plântulas obtidas foram aclimatizadas com solo: tera care e solo: bolor de folhas, dos quais se verificou que o solo: tera care deu a taxa máxima de sobrevivência das plântulas.

CONCLUSÃO

A principal ênfase do nosso trabalho foi desenvolver um método adequado para a micropropagação *in vitro em* larga escala das variedades seleccionadas. Atualmente, é possível cultivar centenas de plântulas através do método de cultura de tecidos.

Este estudo demonstrou claramente um método eficaz de propagação *in vitro* de *Furcraea gigantea Vent.* Todas as quatro fases diferentes da técnica de micropropagação padrão foram trabalhadas. Os requisitos óptimos para o estabelecimento, proliferação, enraizamento e aclimatação foram padronizados, o que resultou numa maior multiplicação e estima-se que, utilizando esta técnica, é possível obter plântulas de 10-12 cm de altura para transferência para o campo.

Os métodos convencionais de reprodução combinados com os métodos de cultura de tecidos resultam numa melhoria do crescimento da planta num período de tempo muito mais curto. O trabalho efectuado em Furcraea ilustra o potencial das técnicas de melhoramento de plantas. Mesmo que exista uma única planta com caracteres desejáveis, é possível obter milhões de plantas.

REFERÊNCIA

Bailey, L.H. 1941. The standard cyclopedia of horticulture. Vol. 2. The MacMillan Company, Nova Iorque. p. 1.201-2.422.

Viveiro Deserto-Tropical. 2003. Cânhamo da Maurícia, sisal, maguey. http://www.desert-tropicals.com/ Plantas/Agavaceae/Furcraea_foetida.html. 2 p.

Grisebach, A.H.R. 1963. Flora of the British WestIndian Islands. J. Cramer, Weinheim, Alemanha. 789 p.

Howard, R.A. 1979. Flora of the Lesser Antilles, Leeward and Windward Islands. Vol. 3. Arnold Arboretum, Universidade de Harvard, Jamaica Plain, MA. 586 p.

Liogier, H.A. e L.F. Martorell. 2000. Flora ofPuerto Rico and adjacent islands: a systematic synopsis. 2ª ed. Editorial de la Universidad dePuerto Rico, Río Piedras, PR. 382 p.

Núñez-Meléndez, E. 1982. Plantas medicinales de Puerto Rico. Editorial de la Universidad de Puerto Rico, Río Piedras, PR. 498 p.

Pacific Island Ecosystems at Risk (Ecossistemas das ilhas do Pacífico em risco). 2003. *Furcraeafoetida* (L.) Haw., Agavaceae. http;//www.hear. org/pier_v3.3/fufoe.htm. 3 p.

Schlegel, R. 2003. Atualização do melhoramento vegetal: plantas cultivadas

II.ttp://www.desicca.de/plant_breeding/

John K. Francis, Research Forester, U.S. Department of Agriculture, Forest Service, International Institute of Tropical

Forestry, Jardín Botánico Sur, 1201 Calle Ceiba, San Juan, PR 00926-1119, em cooperação com a University of Puerto Rico, Río Piedras, PR 00936-4984

Debergh, P.C. e R.H. Zimmerman, eds. 1991. *Micropropagação, Tecnologia e Aplicação*. Kluwer Academic Publishers. $61.50. Projeto de laboratório, informação sobre laboratórios em todo o mundo, discussões aprofundadas de problemas. Não é para principiantes.

Donnelly, D.J., e W.E.Vidaver, 1988. *Glossário de Cultura de Tecidos de Plantas*, Portland, OR. Timber Press, $22.95. Boas definições de termos de cultura de tecidos.

Kyte, Lydiane e J. Kleyn, 1996. *Plants from Test Tubes Tubes: An Introduction to Micropropagation, 3ª ed.*, Timber Press, 1996 $29.95. Boas bases para o amador ou cultivador principiante.

Smith, Roberta H., 1992. *Plant Tissue Culture-Techniques and Experiments (Cultura de Tecidos de Plantas - Técnicas e Experiências)*. Academic Press. $35.00. Boa introdução e base alargada para um curso universitário.

Goldstein, W. et al., In "Plant Tissue Culture as a Source of Biochemicals" Ed. Staba, E.J., 191-234 (1980) C.R.C. Press. Boca Raton, Florida.

Whitaker, R.J. et al., Am. Chem. Soc. Symp. Ser. 317 347-362 (1986).

Fukui, H., Yamazaki, K., Tabata, M., Phytochem. 23 2398-2399 (1984).

Deus, B. e Zenk, M.H., Biotech. Bioeng., 24 1965-1974 (1982).

Zenk, M.H., In "Frontiers of Plant Tissue Culture 1978", Ed. Thorpe, T.A., p.1 (1978). Univ. de Calgary.

Kruz, W.G.W., Adv. Appl. Microbiol. 25 209 (1979).

Fowler, M.W., In "Biotechnology of Higher Plants", Ed. Russel, G.E., 107-133 (1988) Intercept Ltd.

Misawa, M., In "Adv. in Biotechem. Eng./Biotech.", Ed. Fiechter, A., 59-88 (1985) Springer-Verlag. Berlim, Heidelberg, Nova Iorque.

Staba, E.J., In "Proc. 5th Int'l. Cong. Plant Tissue & Cell Culture", Ed. Fujiwara, A., p. 25 (1982) Maruzen Co., Tóquio.

Tulecke, W. e Nickell L.G., Science 130 863 (1959).

Mandel, M., Adv. Biochem. Eng., 2 201 (1972).

Street, H.E. (ed.), em "Plant Tissue and Cell Culture", Blackwell Scientific Publ., Londres (1973).

Martin, S.M., In "Plant Tissue Culture as a Source of Biochemicals" Ed. Staba, E.J., 149-166 (1980). C.R.C. Press. Boca Raton, Florida.

Misawa, M., em "Plant Tissue Culture and Its Bio-technological Application", Eds. Barz, W., Reinhard, E., Zenk, M.H., p. 17 (1977), Springer-Verlag, Berlim, Heidelberg, Nova Iorque.

Misawa, M. e Samejima, H., em "Frontiers of Plant Tissue Culture 1978", Ed. Thorpe, T.A., 353-362, (1978) Univ. of Calgary.

Barz, W., Reinhard, E., Zenk, M.H. (Eds.), "Plant Tissue Culture and Its Bio-technological Application" Springer-Verlag, Berlin, Heidelberg, New York.

Zenk, M.H., em "Plant Tissue Culture and Its Bio-technological Application", Eds. Barz, W., Reinhard, E., Zenk, M.H., p. 27 (1977), Springer-Verlag, Berlim, Heidelberg, Nova Iorque.

Fujiwara, A. (Ed), Proc. 5th Int'l. Cong. Plant Tissue and Cell Culture, Maruzen Co., (1982).

Fujita, Y. et al., In "Proc. 5th Int'l. Cong. Plant Tissue and Cell Culture", Ed. Fujiwara, A., 399-400 (1982).

Misawa, M. et al., ibid., 279-280 (1982).

Alfermann, A.W. e Reinhard, E., ibid., 401-402 (1982).

Misawa, M. et al., Phytochem, $\underline{27}$ 1355 (1988).

Ulbrich, B., Weisner, W., Arens, H., In "Primary and Secondary Metabolism of Plant Cell Cultures", Eds. Neumann, K.H. e Reinhard, E., p.293-303 (1985), Springer-Verlag, Berlim.

Sahai, O. e Knuth, M., Biotechn. Prog., $\underline{11}$ 9 (1985).

Fowler, M.W., em "Plant Biotechnology", Eds. Mantell, S.H., e Smith, H., p.3-37 (1983), Cambridge Univ. Press, Cambridge, U.K.

Scragg, A.H., em "Secondary Metabolism in Plant Cell Cultures" Eds. Morris, A.H. et al., p.202-207 (1986). Cambridge Univ. Press, Cambridge, U.K.

Drapeau, D. et al., Biotech. Bioeng. $\underline{30}$ 946-953 (1984).

Murashige, T. e Skoog, F., Physiol. Plant., $\underline{15}$ 473-497 (1962).

Gamborg, O.L. et al., Exp. Cell Res., 50 151-158 (1968).

Wetter, L.R. e Constabel, F., (Eds), Plant Tissue Culture Methods. (1982) Conselho Nacional de Investigação do Canadá, Saskatoon.

Lamport, D.T.A., Exp. Cell Res., 33 195 (1964).

Veliky, I. e Martin, S.M., Can. J. Microbiol, 16 223 (1970).

Martin, S.M. e Rose, D., Can. J. Bot., 54 1264 (1976).

Kato, A. et al., J. Ferment. Technol., 54 82 (1976).

Martin, S.M., In "Plant Tissue Culture as a Source of Biochemicals" Ed. Staba, E.J., 149-166 (1980) C.R.C. Press. Boca Raton, Florida.

Wagner, F. e Vogelmann, H., em "Plant Tissue Culture and Its Bio-technological Application", Eds. Barz, W., Reinhard, E., Zenk, M.H., p.245 (1977), Springer-Verlag, Berlim, Heidelberg, Nova Iorque.

Tanaka, H. et al., Biotech. Bioeng., 24 2359 (1983).

Ten Hoopen, H.J.G. et al., In "Prog. in Plant and Molecular Biology", Eds. Nijkamp, H.J.J. et al., 673-681 (1990). Kluwer Acad. Publ., Dordorecht, Boston, Londres.

Westphal, K., ibid., 601-608 (1990).

Ushiyama, K., em "Plant Cell Culture in Japan", Eds. Komamine, A., Misawa, M., DiCosmo, F., p.92-98 (1991). CMC Co. Ltd., Tóquio.

I want morebooks!

Buy your books fast and straightforward online - at one of world's fastest growing online book stores! Environmentally sound due to Print-on-Demand technologies.

Buy your books online at
www.morebooks.shop

Compre os seus livros mais rápido e diretamente na internet, em uma das livrarias on-line com o maior crescimento no mundo! Produção que protege o meio ambiente através das tecnologias de impressão sob demanda.

Compre os seus livros on-line em
www.morebooks.shop

FSC
www.fsc.org
MIX
Papier aus verantwortungsvollen Quellen
Paper from responsible sources
FSC® C105338